AF454217

NOTE SUR LA GÉOLOGIE

DE LA

HAUTE VALLÉE D'ASPE

(Basses-Pyrénées)

PAR

J. SEUNES

Professeur chargé de Cours à la Faculté des sciences de Rennes

Après l'étude de la plaine sous-pyrénéenne (Basses-Pyrénées et Landes), j'ai abordé celle de la région montagneuse embrassée par la feuille d'Urdos. Je me propose de donner dans ce travail un résumé de mes premières courses dans la Haute vallée d'Aspe sur laquelle on ne possède aucun travail d'ensemble[1].

Je ne puis transcrire mes observations sans évoquer le souvenir de mon jeune et malheureux ami Liétard qui m'avait accompagné au début de mes recherches (août et septembre 1891) dans la partie de la vallée d'Aspe limitrophe de la région qu'il avait prise comme champ d'étude.

Pendant les quelques semaines que nous avons passées ensemble dans la montagne, il m'a été permis de mieux l'apprécier et de connaître plus que tout autre la perte que le Service de la Carte géologique de France a faite en sa personne.

Licencié ès sciences physiques et ès sciences naturelles, Liétard mena tout d'abord de front la préparation du doctorat et de l'agrégation ; mais les courses géologiques dans la montagne avaient pour lui tant d'attrait qu'à la veille d'un succès certain, de l'avis même de ses camarades, il abandonna le concours de l'agrégation pour se consacrer entièrement aux recherches géologiques.

Dur à la fatigue, marcheur intrépide et peut-être même téméraire alpiniste, il n'hésita pas à poursuivre l'étude d'un des massifs les plus rudes et difficiles des Pyrénées, je veux parler de la Haute vallée d'Ossau, de ces crêtes décharnées, inhospitalières et presque toujours enveloppées par le brouillard, telles que les massifs du Ger, de l'Arcizette, du pic du Midi d'Ossau, de Baleitous, etc., etc.

[1] Voir la Carte de Carez et Vasseur et la Carte au millionième du Service géologique de France.

Ses carnets montrent combien les difficultés matérielles compliquent l'étude si difficile de cette région dépourvue la plupart du temps de toutes traces fossilifères.

Ces difficultés, bien faites pour arrêter dès le début notre malheureux ami, furent pour lui au contraire un stimulant constant. On peut dire qu'aucun point de la région, d'accès aussi difficile qu'il soit, n'a échappé à ses investigations.

La science lui est redevable de la découverte de l'Aptien et des Griottes dans la vallée de Ferrières [2], et d'un lambeau de Crétacé supérieur au Baleitous ; il avait recueilli un très grand nombre de fossiles dans le dévonien de la vallée du Valentin et dans le calcaire de Geteu, et de nombreux échantillons de roches éruptives diverses dont il se proposait d'étudier la composition et de déterminer les phénomènes métaphorphiques de contact.

Mais, Liétard consacra la plus grande somme de ses efforts à préciser l'âge si discuté des calcaires des Eaux-Bonnes compris entre les schistes dévoniens du Valentin et les calcaires crétacés du Ger. Dans sa dernière campagne, il semble toucher au but ; il lui paraît évident qu'il y a continuité entre les calcaires des Eaux-Bonnes (*Dalle*) et ceux du Gers. C'est ce que montrent les lignes suivantes, consignées à la page 14 de son carnet : « je reviens de cette course (course d'Anglas aux Eaux-Bonnes (8 juillet 1891), avec l'idée complètement vérifiée que la *dalle* n'est que du crétacé dynamométamorphique. »

S'il lui eût été permis de poursuivre ses recherches nul doute qu'il aurait mené à bien sa rude et difficile entreprise.

TERRAIN PRIMITIF OU SYSTÈME ARCHÉEN

Ce terrain n'affleure pas dans la région.

SYSTÈME SILURIEN

Les affleurements siluriens indiqués par la carte de MM. Carez et Vasseur et la carte au millionième du Service géologique appartiennent aux terrains primaires ou crétacés.

Le système silurien n'apparaît qu'à l'Est de la région (Hautes-Pyrénées), et à l'Ouest, notamment sur le pourtour du massif cristallin du pays de Labour.

SYSTÈME DÉVONIEN

Les cartes géologiques précitées donnent une extension considérable au Dévonien inférieur.

Les divers sédiments qui sont rapportés à cet étage appartiennent en grande partie à d'autres terrains et en réalité, le Dévonien inférieur n'occupe qu'une étendue assez restreinte.

---

[1] Voir, note sur les calcaires des environs des Eaux-Bonnes, publiée en collaboration avec M. Œhlert, *Bull. Soc. Géol. de Fr.*, 3e série, tome XIX, p. 475.

1° Dévonien inférieur

1° *Gédinien*. — Ce sous-étage n'est pas plus caractérisé dans la région que dans le reste des Pyrénées et rien ne me laisse supposer qu'il existe dans la vallée d'Aspe et dans la région de Lescun.

2° *Coblentzien*. — Je rapporte à ce sous-étage les schistes noirs de La Marie (Ouest de Lescun) souvent altérés, entremêlés de rares bancs de grès et de calcaire noir bleuâtre, cristallin, souvent grauwackeux et rougeâtre par suite de la décomposition de sels de fer. Des couches analogues se rencontrent au Sud de Lescun (environ de la Cabane de Lacuarde), voir fig. 1, couches 1.

J'ai recueilli à La Marie :

> *Spirifer* (af.) *Pellicoi* de Vern.
> — *paradoxus* Schl. [1]
> *Strophomena rhomboïdalis* Wah.
> *Atrypa reticularis* Lin.
> *Rynchonella* ind.
> *Cyathophyllum* ind. etc.

Cette formation occupe une bande étroite dirigée Sud-Nord.

Je place au même niveau les schistes et les calcaires grauwackeux situés au Nord du Pic Rouge (Sud de Lescun).

Toutes ces couches me paraissent occuper le même niveau que la bande si connue des schistes et des calcaires grauwackeux signalés dans la vallée d'Ossau.passant par Laruns, Béost, Col d'Aubisque et Arbéost (vallée du Louzon ou de Ferrières),et s'étendant au Sud de Gourette au-delà des mines d'Anglas ; elle présente sur tout son parcours,notamment à Anglas [2] des phénomènes de métamorphisme dus à l'injection de nombreux filons de roches éruptives qui font défaut dans la région de Lescun.

2° Dévonien moyen

Je rapporte à cette division les schistes et les calcaires (sans fossiles) intercalés entre les couches à *Spirifer Pellicoi* et les couches à *Spirifer Verneuili* Ouest et Sud de Lescun. Couches n° 2 de la coupe n° 1.

3° Dévonien supérieur.

1° *Calcschistes à Spirifer Verneuili*. — Aux schistes et calcaires sans fossiles précédents succèdent des calcschistes noirs (n° 3, coupe 1), se débitant en ro cailles irrégulières, pétries par places de polypiers paléozoïques.

---

[1] Je dois à M. Barrois la détermination de *Spirifer paradoxus*.
[2] Beaugey,*Bull. Soc. Géol. de France*, 3ᵉ série, t. XIX, p. 93, séance du 17 novembre 1891.

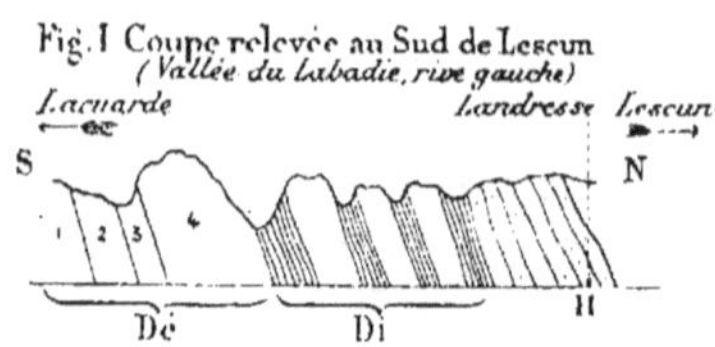

H. Grès et schistes à *Calamites Suckowi* (Houiller).
Di Schistes et calcaires à *Glyphioceras crenistria* (Dinantien).

Dé
{
4 Calcaires à Polypiers, *Heliolites porosa.* } Dévonien supérieur.
3 Caleschistes à *Spirifer Verneuili.*
2 Schistes et calcaires.................... Dévonien moyen.
1 Schistes et calcaires grauwackeux........ Coblentzien.
}

J'ai recueilli :

> *Spirifer Verneuili*, Murch.
> *Atrypa reticularis*, Lin.
> *Athyris concentrica*, de Buch.
> *Cyathophyllum (af) cespitosum*, Gold.
> *Polypiers paléozoïques*, ind.

Les fossiles sont en général accidentellement écrasés et étirés.

À l'Ouest de Lacuarde (au Nord du bois de Lazerque), j'ai retrouvé *Spirifer Verneuili.*

Il n'est pas douteux que les caleschistes à *Spirifer Verneuili* appartiennent au Dévonien supérieur.

2° *Calcaires à Polypiers (Heliolites porosa)*, — Les calcaires à *Spirifer Verneuili* sont surmontés par une masse de calcaires plus ou moins dolomitiques, à stratification généralement indistincte, de couleur grise, gris blanchâtre, blanchâtre, grisâtre et noirâtre. Cette formation forme le fond de la vallée du ruisseau de Labadie, disparaît rapidement vers l'Est sous le Carbonifèrien et le Permien, et se poursuit vers l'Ouest jusqu'au pic de Laristes. On la retrouve au pic de Laraille. De ce point, elle forme une crête continue, dirigée Sud-Nord, (7 kilomètres de longueur environ), passant par le signal de Billare et disparaissant un peu au Nord du ruisseau d'Anaye (N.-O. de Lescun).

En plusieurs points, cette formation renferme :

> *Alveolites.*
> *Favosites Goldfussi*, d'Orb.
> *Heliolites porosa*, Gold.
> *Cyathophyllum sp.*
> *Cyathophyllum vesiculosum*, Gold.
> *Crinoïdes.* (Articles).

Cette faune appartient au Dévonien supérieur.

Les calcaires à Polypiers se retrouvent dans la vallée d'Aspe :

1° A Lagahe, entre le pont Tapit et le pont de Lescun ;

2° Au Sud d'Urdos, au pont du Fort du Portalet où ils présentent les mêmes polypiers paléozoïques. Le gisement se trouve à deux cents mètres environ au Sud des ruines de l'ancien poste de la douane (Rive gauche du gave d'Aspe). On y rencontre des filons de roche porphyrique ; l'un de ces filons a été déjà signalé par Leymerie dans les calcaires qui supportent le fort du Portalet (Dé fig. 2).

Cet affleurement ne tarde pas à disparaître à l'Est et à l'Ouest sous les formations suivantes :

SYSTÈME CARBONIFÉRIEN

1º Carboniférien inférieur (Dinantien)

Cet étage est représenté par une formation présentant des caractères lithologiques différents selon les points où on l'observe.

Facies *α* : *Schistes et calcaires violacés subamygdalins à Glyphioceras crenistria.*

Facies *β* : *Schistes et calcaires amygdalins (Griottes, marbres de Campan) à Glyphioceras crenistria.*

1º Faciès *α*. — *Schistes et calcaires subamygdalins à Gyphioceras crenistria,*

Les calcaires à Polypiers *Dé* (fig. 2) du Portalet repliés en une voûte anticlinale dont la retombée sud est plus rapide que celle du Nord, sont recouverts au Sud et au Nord par une alternance de schistes, de calcschistes et de calcaire (*Di*, fig. 2).

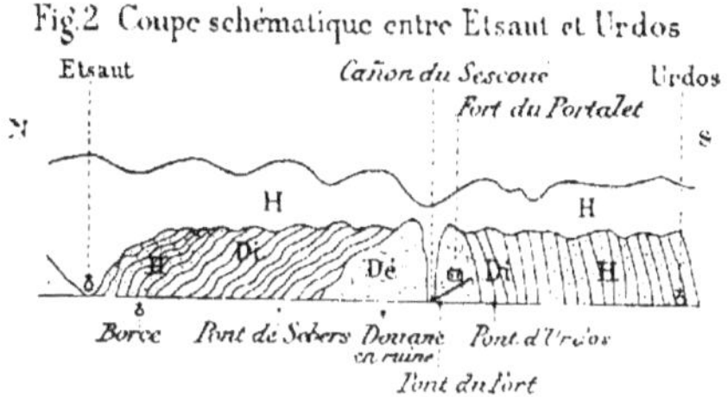

Au Sud (Pont d'Urdos) les calcaires sont par places rosés, verdâtres et violacés et parfois subamygdalins. Quelques bancs de calcaire sont blanchâtres, d'autres noirs et pétris de Polypiers mal conservés (*Cyathophyllum ?*). J'ai recueilli au Pont d'Urdos :

>*Glyphioceras crenistria*, Phill.
>*Poteriocrinus* (af.) *minutus*, Rœmer.

Au Nord du bombement, les couches sont tourmentées, plissées et disloquées par places ; les assises calcaires moins plissées que les schistes présentent parfois aussi des inflexions serpentineuses assez marquées, comme on peut bien l'observer au Pont de Sebers.

Les calcaires sont tantôt violacés et esquilleux, tantôt noir grisâtre et traversés par de nombreuses veines de calcite.

De même que les calcaires à Polypiers du Dévonien supérieur les schistes et les calcaires en question sont traversés par des filons de roche porphyrique (Rive droite du Gave d'Aspe, au Sud et au Nord du Pont de Sebers).

Cette formation renferme sur les deux rives du Gave les fossiles suivants :

> *Glyphioceras crenistria*, Phill.
> *Prolecanites Henslowi*, Sow.
> *Phillipsia Brongniarti*. Fisch. (Pygidium).
> *Orthoceras* ind.
> *Polypiers* ind.
> *Articles d'Encrines*.

Le point fossilifère le plus facile à explorer se trouve sur la rive gauche du Gave entre le Pont de Sebers et Borce.

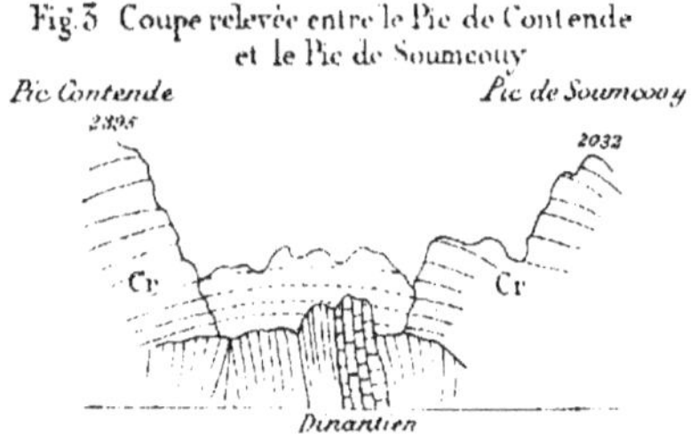

Affleurement dinantien du Lac d'Anie. — Au nord-ouest de Lescun, en montant le sentier conduisant au Lac d'Anie et situé entre le Pic Contende et le Pic de Soumcouy, on trouve des schistes noirs avec intercalation d'assises de calcaires noirs, veinés de calcite et de *calcaires violacés*, pétris par places. de fossiles, la plupart du temps en débris ; mais d'où on peut extraire cependant quelques bons exemplaires (*Goniatites crenistria* pullule, les *Orthoceras* géants atteignent plus d'un mètre et les Pygidium de Trilobites sont assez abondants). J'ai reconnu :

> *Glyphioceras crenistria*, Phill. sp.
> *Pronorites cyclolobus*, Phillips. sp.
> *Prolecanites Henslowi*, Sow. sp.
> *Orthoceras giganteum*, Sow.
> *Phillipsia Derbyensis*, Martin. sp.
> *Phillipsia*.
> *Gastéropodes*.
> *Lamellibranches*.
> *Alveolites*.

Les bancs sont presque verticaux et sur leurs tranches reposent les calcaires du Crétacé supérieur presque horizontaux et formant les pics environnants.

Affleurement dinantien du Plateau de Lhers. — Au Sud-Est de Lescun (Plateau de Lhers) près de la ferme de Garcet on relève la coupe suivante :

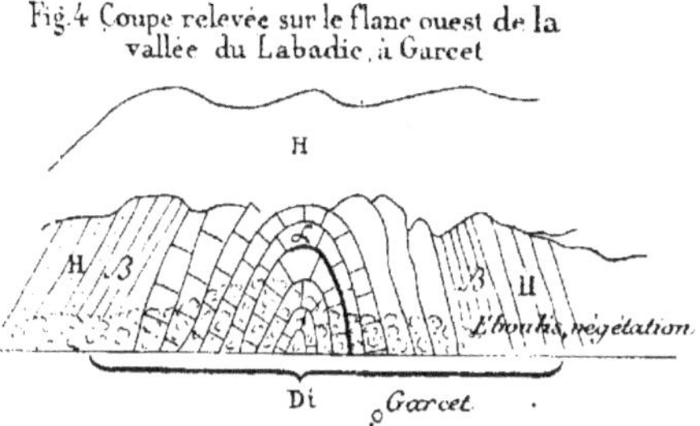

α. Bancs de calcaires fortement plissés ; le calcaire est tantôt grisâtre, noir et tantôt violacé ; j'ai recueilli :

> *Glyphioceras crenistria.* Phill.
> *Prolecanites Henslowi.* Sow.
> *Orthoceras.*
> *Articles d'Encrines.*

Un banc de houille anthraciteuse et pyriteuse, épais d'un mètre environ, est intercalé dans ces calcaires. (Il est marqué par un trait noir dans la coupe précédente.)

β. Schistes avec rares bancs de grès.

H. Houiller : schistes et grès.

Cet affleurement me paraît être la continuation vers l'ouest du bombement du Portalet.

Age des schistes et calcaires à Goniatites crenistria.

Goniatites crenistria, G. Henslowi, G. cyclolobus, etc., possèdent un caractère nettement carbonifèrien ; on les rencontre dans le Dinantien d'Angleterre, de Belgique, d'Angleterre, etc., et n'ont jamais été signalés dans le Dévonien le plus supérieur.

Goniatites crenistria dont l'extension verticale est très grande dans le carbonifèrien inférieur peut être regardé comme l'espèce caractéristique du Dinantien, je suis donc autorisé à classer dans le Dinantien *les schistes et calcaires subamygdalins à Goniatites crenistria,* parfois encore recouverts par les schistes et les grès du Houiller.

Je ferai en outre remarquer que la faune de cette formation est identique à celle que M. Barrois a signalée dans les *Griottes* des Asturies.

Faciès β. — *Schistes et calcaires amygdalins (marbres griottes et marbres de Campan) à Glyphioceras crenistria.* — Au Sud du Portalet, (Nord d'Etsaut) un autre bombement fait réapparaître sous le Houiller les schistes et les calcaires à *Glyphioceras crenistria* caractérisés par la présence de quelques bancs de *calcaire entrelacé*, nettement amygdalins. Plus au Sud, on relève entre Brouca et le Pont d'Esquit la coupe suivante :

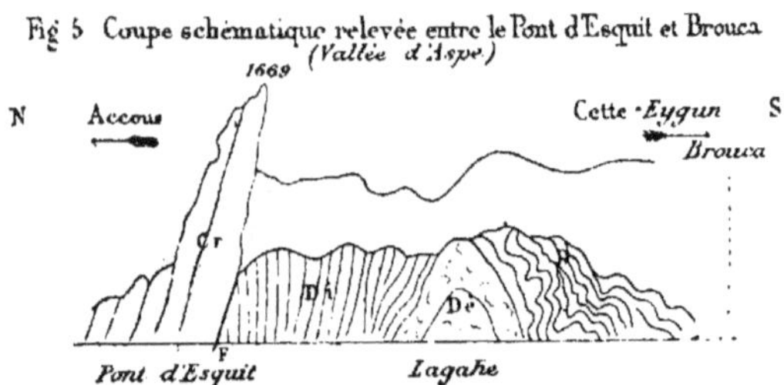

Cr. — Crétacé supérieur.
Di. — Schistes et calcaires amygdalins.
Dé. — Calcaires à Polypiers.

Les calcaires Dé grisâtres, noirs, parfois blancs et dolomitiques, sont recouverts par une alternance de schistes et de calcaires (Di). Les schistes sont noirs et ardoisiers, violacés ou verdâtres. Les calcaires sont quelquefois noirs, mais le plus souvent rouges, rouge violacé, verdâtres et amygdalins ; *ils présentent tous les caractères des calcaires amygdalins* connus dans les Pyrénées centrales sous les noms de *Marbres griottes* et de *Marbres de Campan*.

Il faut noter que les bancs amygdalins de la retombée sud (Pont de Lescun) passent latéralement à un calcaire grisâtre, violacé, compact, esquilleux semblable à celui qui a été mentionné plus haut dans les couches α à *Glyphioceras crenistria*; ces bancs de la retombée sud sont fortement plissés et dessinent des sinuosités multiples.

Je n'ai trouvé dans cet affleurement que des articles d'Encrine, des nodules griotteux sans caractères paléontologiques et des sections de Goniatites indéterminables.

Bombement des Bains de Labérout (Nord de Lescun). — Il est facile de suivre à l'ouest le bombement précédent, bordé au Nord par la crête crétacée Cr.

A l'Ouest du Pic de Quillarisse, aux Bains de Labérout (Labérouet ou Labérouat) on a la coupe suivante :

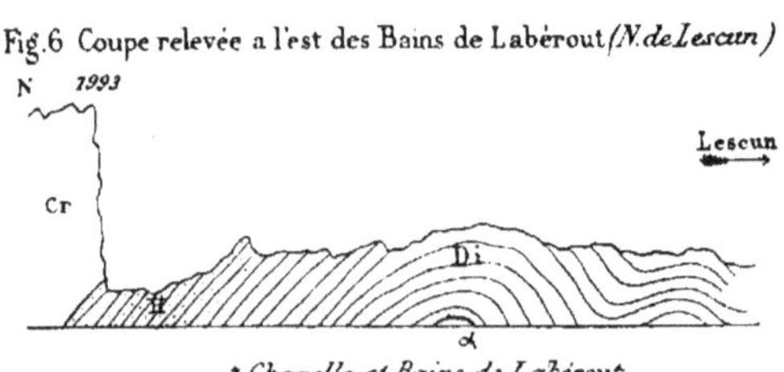

Cr. — Crétacé supérieur.
H. — Grès et schistes à *Calamites Suckowi* (Houiller).
Di. — Schistes et calcaires amygdalins (*Griottes*) à *Glyphioceras crenistria* (Dinantien).

Les schistes et les calcaires amygdalins (D*i*) dessinent, à l'Est des Bains de Labérouat, une voûte très apparente, présentent vers la base un lit de schistes charbonneux α et renferment un filon de roche porphyrique.

Après bien des recherches, j'ai recueilli deux nodules amygdalins, argileux à la surface et dont le centre m'a fourni deux moules calcaires de *Glyphioceras crenistria*.

Les bancs de calcaire violacé m'ont aussi fourni quelques jeunes exemplaires de la même espèce.

Au Portalet (fig. 3), les schistes et les calcaires subamygdalins à *Glyphioceras crenistria* sont recouverts par les schistes et les grès à *Calamites Suckowi* ; à Labérout (fig. 6), les schistes et les calcaires amygdalins (Griottes) sont également recouverts au Nord par les schistes et les grès du Houiller. Les schistes et les calcaires subamygdalins du Portalet occupent donc le même niveau stratigraphique que les schistes amygdalins de Labérout et du Pont d'Esquit. Cette équivalence est en outre justifiée par la présence de *Glyphioceras crenistria* dans les deux formations. En conséquence, les *Griottes* de la vallée d'Aspe doivent être classées dans le Dinantien. Ainsi, se trouve justifiée l'hypothèse émise par M. Barrois (Mémoire sur les Asturies) sur l'âge carbonifère des griottes des Pyrénées.

M. Bergeron a montré que les *Griottes* de l'Hérault appartiennent par leur faune au *Dévonien supérieur* [1] ; en Allemagne (Westphalie, etc.), des calcaires amygdalins se rencontrent aussi dans le Dévonien supérieur : j'ajoute que dans les Pyrénées de la Vallée d'Ossau ce faciès se montre, dès le Dévonien supérieur, peu développé il est vrai.

Le même fait a été dernièrement signalé par M. Roussel dans les Pyrénées centrales.

Les calcaires et les schistes à *Glyphioceras crenistria* s'observent en outre au Sud de Lescun et le long de la frontière franco-espagnole, presque toujours surmontés par les grès et les schistes à *Calamites Suckowi*.

DINANTIEN DE LA ROUTE DU SUMPORT

Il me reste à parler des calcaires du défilé de la route du Sumport. Entre le défilé situé au Sud de la Fonderie, et le fond du cirque du gave d'Aspe, on trouve une puissante formation composée de calcaires noirs, souvent bréchoïdes, avec intercalations de schistes noirs et de bancs de grès, au sein de laquelle doit être percé le tunnel de la future voie ferrée franco-espagnole de la vallée d'Aspe. Les fossiles y sont très rares ; Liétard y a trouvé dans une course commune (borne kilométrique 118,6), un moule de Céphalopode que je rapporte au *Brancoceras ornatissimum*, de Koninck (in Holzapfel, calcaire d'Erdbach, p. 23, pl. 1).

[1] Voir à l'appendice paléontologique placé à la fin de cette note ce qui a trait à *Goniatites Henslowi* signalé dans les griottes de l'Hérault.

Cette espèce permet de classer dans le Carboniférien la formation en question, qui est en relation, au Sud et au Nord, avec les grès et les schistes à *Calamites Suckowi*.

2° Carboniférien supérieur.

Grès et schistes à Calamites Suckowi. — Les assises à *Glyphioceras crenistria* ou à *Brancoceras ornatissimum* sont surmontées en beaucoup de points (Portalet, Urdos, nord et sud de Lescun, etc.), par une série de grès et de schistes. Les grès sont micacés, violacés, gris verdâtre, ou noirâtres ; les schistes sont généralement noirs, subardoisiers, parfois ardoisiers, rarement charbonneux et prennent souvent un grand développement au milieu des grès.

Ces couches sont très peu fossilifères ; les rares empreintes qu'on y recueille sont toujours mal conservées. M. Zeiller, qui a bien voulu les examiner, a reconnu :

> *Calamites Suckowi* Brg.
> *Pecopteris.*

Au Sud de Lescun, sur le versant espagnol, les lits de houille paraissent acquérir quelque importance comme cela résulte des recherches exécutées à la Case de la Mine (cinq kilomètres environ au Sud de la frontière, entre le col de Pau et El Fuerte).

Faute de fossiles, je ne puis dire si les grès et les schistes appartiennent soit au Westphalien, soit au Stéphanien ?. Il est possible que, de même que dans les Pyrénées centrales, la base représente la partie supérieure du Dinantien.

SYSTÈME PERMIEN

Je rapporte au Permien les schistes durs, rouges et souvent verdâtres, entremêlés parfois de bancs de poudingues à galets quartzeux, que l'on rencontre quelquefois au-dessus des grès et schistes à *Calamites Suckowi*.

Le *passage insensible* entre ces deux formations s'observe le long de la tranchée de la route du Sumport, au niveau de la Fonderie (borne kilométrique 116,4).

Ce passage se fait par des schistes noirs, rouges, verdâtres, des bancs argileux et noduleux (fausses-griottes) et quelques bancs de calcaire et de grès. Il est impossible d'établir une ligne de démarcation bien nette entre les deux systèmes.

Les couches du Permien ne m'ont présenté jusqu'ici aucune trace fossilifère.

Un peu à l'Ouest de la Fonderie, sur la rive gauche du ruisseau de l'Espagne, sur le flanc sud de l'Espélunguèrc, des amas d'albâtre sont intercalés dans les schistes permiens ; ils ont été naguère exploités. A Peyrenère (route du Sumport), ces schistes renferment du minerai de fer anciennement exploité ; le Permien s'observe au sommet des montagnes qui bordent la vallée d'Aspe, au Sud d'Urdos, au Sumport, à l'Espélunguère, au lac d'Arlet, (Crête du bois Coste de Brouca) et au Pic Rouge. Du Sumport il s'étend jusqu'au col des Moines, etc.

Les couches sont la plupart du temps très tourmentées et présentent les contours les plus bizarres.

Le Permien est parfois accidentellement en contact avec les terrains plus anciens : du Dévonien au Pic Rouge, du Dinantien en quelques points de la route du Sumport, etc. Le tableau suivant résume les terrains primaires représentés dans la haute vallée d'Aspe (au Sud d'Accous) et dans la région de Lescun :

SYSTÉME PERMIEN.	....	Schistes durs rouges et verdâtres.
SYSTÈME CARBONIFÉRIEN	*2. HOUILLER*	Grès et schistes à *Calamites Suckowi.*
	1. DINANTIEN	*Facies* α : Schistes et calcaires à *Glyphioceras crenistria.*
		Facies β : Schistes et calcaires amydalins (*Griottes*) à *Glyphioceras crenistria.*
SYSTÈME DÉVONIEN	*DÉVONIEN SUPr*...	2. Calcaires à Polypiers. *Heliolites porosa.* 1. Calcschiste à *Spirifer Verneuili.*
	DÉVONIEN MOYEN	Schistes et calcaires sans fossiles.
	DÉVONIEN INFÉRr.	Coblentzien : Schistes et calcaires grauwakeux à *Spirifer paradoxus.*

SYSTÈMES TRIASIQUE, JURASSIQUE ET CRÉTACÉ

Les systèmes triasique et jurassique, et la série du Crétacé inférieur ne s'observent qu'au sud du défilé d'Accous (Pont d'Esquit, vallée d'Aspe), c'est-à-dire, au Nord d'Osse, de Bédous et d'Aydius (Feuille de Mauléon).

Crétacé supérieur.

Au Pont d'Esquit (défilé d'Accous), la vallée du gave d'Aspe est ouverte à travers une masse calcaire (fig. 5, Cr.), formant la haute crête allant du Pic de Ronglet (Est) au Pic de Soumcouy (Ouest) 2302 ; de là, elle forme les Pics de Contende (2385), d'Anie (2504), de Pène Blangue et d'Ansabère. Au Port d'Anso elle passe en Espagne (lac d'Estaès ou Estanès, Pas d'Aspe, etc.).

Du Pic Contende au col d'Anso, la tranche décharnée des bancs crétacés forme pour ainsi dire corniche au-dessus des terrains primaires qui supportent ces bancs. Le relief sinueux de cette corniche est bien indiqué sur la carte au quatre-vingt millième.

En général, cette formation crétacée est composée de bancs de calcaire grisâtre ou noirâtre, parfois siliceux ou dolomitique et devenant grenu à la surface sous l'influence des agents atmosphériques. Cet aspect grenu permet généralement de distinguer ces calcaires des calcaires à Polypiers du Dévonien supérieur avec lesquels on peut les confondre au premier aspect.

Ce caractère se retrouve dans les calcaires crétacés de la vallée d'Ossau et du Massif du Ger.

Voyons quelles sont les relations du Crétacé supérieur de la région qui nous occupe.

Au Pont d'Esquit (vallée d'Aspe),les couches sont au sud en contact par faille avec les griottes (fig. 5, p. 8).

Plus à l'Ouest, au Nord de Labérout, ces mêmes couches reposent sur le Houiller recouvrant les griottes (fig. 6, p. 8).

Au lac d'Anie, le Crétacé repose presque horizontalement sur les tranches redressées des schistes et des calcaires à *Goniatites crenistria* (fig. 3, p. 6).

Au Sud du Pic d'Anie jusqu'au col d'Anso, il repose sur les tranches du Houiller.

Au col d'Anso on relève la coupe suivante :

Cr. — Calcaire du Crétacé supérieur.
H, — Grès et schistes (Houiller).
Di. — Schistes et calcaires (Dinantien).
Dé. — Calcaires à Polypiers (Dévonien supérieur).

Du col d'Anso au Pas d'Aspe (territoire espagnol), le Crétacé repose tantôt sur le Permien, le Houiller ou le Dinantien. En plusieurs points, notamment au col d'Anso, il débute par une alternance de bancs de pondingues à fins éléments quartzeux, de grès, de schistes et de calcaires. Cette succession rappelle celle qu'on observe dans la vallée d'Ossau à la base du Crétacé supérieur reposant tantôt sur le granite (Eaux Chaudes), tantôt sur le Dévonien (Vallée du Sousouéou, La Tume).

L'an dernier j'ai signalé dans cette formation crétacée la présence d'Hippurites (1) ; de nouveaux matériaux me permettent de dire qu'elle représente le Cénomanien, le Turonien et tout au moins le Santonien.

On trouve au lac d'Anie, au col d'Anso et à l'Ouest de Labérout, dans les *éboulis* des blocs présentant des sections de *Caprinula*. Au lac d'Anie j'ai recueilli un exemplaire roulé et de grande taille appartenant au même genre, et caractérisant comme on sait, l'étage *cénomanien*.

Les calcaires crétacés renferment également les fossiles suivants :

1 C. R. Ac. Sc., séance du 11 janvier 1892.

> *Lacazina.*
> *Polypiers astréens.*
> *Hippurites Moulinsi* Hombres Firmas.
> *Hippurites (af.) petrocoriensis,* Douvillé.

J'avais tout d'abord rapporté cette dernière espèce à *Hippurites giganteum* [1], mais la comparaison des sections transversales avec les figures publiées par M. Douvillé dans son Mémoire sur les Hippurites, m'a montré qu'elle représentait *H. (af).petrocoriensis* (voir l'appendice paléontologique à la fin de la note).

Au pont d'Esquit (Vallée d'Aspe) on ne trouve guère que des fragments de test d'*Acteonella* engagés dans la roche.

D'après les récentes études sur les niveaux à Hippurites des Charentes, des Corbières et de la Provence. *Hippurites petrocoriensis* se trouve en Provence jusqu'au sommet du Turonien ; quant à *Hippurites Moulinsi* il apparaît dans tout le Provencien des Charentes et de la Dordogne et monte en Provence jusqu'à la zone à *Hippurites galloprovencialis.*

Les calcaires crétacés des Eaux-Chaudes (Goust et Miégebat) renferment, vers le tiers inférieur de leur épaisseur, *Hippurites Corbaricus* bien caractérisé. Je reparlerai de ce gisement dans une prochaine communication.

TERTIAIRE : NUMMULITIQUE

On a indiqué sur les cartes géologiques précitées du Nummulitique au sommet du Pic d'Anie (France) ; je n'ai pas encore trouvé de fossiles me permettant d'affirmer cette indication, basée probablement sur la mauvaise détermination de sections de *Lacazina.*

Observations sur la structure géologique de la haute vallée d'Aspe et de la région de Lescun.

La discordance si nette du Crétacé supérieur sur les terrains primaires de la région montagneuse des Basses-Pyrénées montre clairement que ces terrains étaient plissés et arrasés au moment où la mer du Crétacé supérieur les a recouverts. Nul doute que les lambeaux crétacés épars dans cette région n'aient été continus.

La présence du terrain nummulitique au Mont-Perdu et sur tout le versant espagnol laisse penser que ce terrain a également recouvert la région qui nous occupe. La dislocation de ce recouvrement crétacé et nummulitique se place à la fin de l'époque nummulitique : les couches éocènes ayant participé aux plissements crétacés sur le versant espagnol.

Mes recherches dans la plaine sous-Pyrénéenne m'ont amené a émettre l'hy-

1. C. R. Ac. Sc. *(loc. cit.).*

pothèse que *les dislocations post-nummulitiques de cette région correspondent aux lignes de plissements post jurassiques* [1].

On ne peut douter que *les dislocations de la région montagneuse ne soient également greffées sur les plissements plus anciens.*

Les anticlinaux crétacés disloqués et correspondants aux voûtes dénudées des terrains anciens ont été facilement arrasés ; cette dénudation a ainsi mis au jour les terrains anciens.

Les lambeaux crétacés apparaissent actuellement soit sur les flancs des anticlinaux parfois faillés, soit dans les cuvettes synclinales où ils se montrent souvent plissés et disloqués.

En général *la retombée Sud des anticlinaux est plus brusque que celle du Nord et les plis présentent la particularité d'être plus ou moins couchés vers le Sud.*

C'est de cette façon que se présentent les plis du Portalet (vallée d'Aspe) du col de Pau (sud de Lescun), de Laruns (vallée d'Ossau), etc. Dans une prochaine note je reparlerai de ce dernier pli si nettement dessiné entre Geteu et les Eaux-Chaudes.

APPENDICE PALÉONTOLOGIQUE

Il m'a paru utile de décrire dès maintenant les principales espèces sur lesquelles j'ai basé quelques niveaux géologiques importants, me réservant de figurer plus tard dans un mémoire plus complet les matériaux que j'ai recueillis.

Glyphioceras crenistria, Phillips.

Goniatites crenistria, Phill. *Géol. of. Yorkshire.* Pl. XIX, fig. 1-3 et 7-9.
      —   Sandberger. *Verst due Nassau*, p. 74, Pl. V, fig. 1.
      —   Barrois. *Terr. anc. des Asturies*, p. 292, Pl. XIV, fig. 1.
Goniatites striatus, de Koninck. *Anim. foss. du calc. carb. Belgique*, p. 568, Pl. XLIX, fig. 7.
      —   Sowerby. *Mineral concho*, p. 115, Pl. LIII, fig. 1.
Goniatites sphæricus, Sowerby. *Mineral concho*, p. 111, Pl. LII, fig 2.

Coquille renflée, parfois globuleuse, très facilement ombiliquée.

Tours très embrassants, arrondis en haut, plus ou moins arrondis sur les côtés. Le moule présente trois ou quatre strangulations par tour, légèrement falculiformes.

Le test est orné de stries fines longitudinales et rayonnantes; le croisement des stries donne un aspect treillisé caractéristique.

Ces stries diffèrent de grosseur ; les stries concentriques sont très souvent plus fortes que les stries rayonnantes.

---

1. Thèse, p. 223.

Lobe ventral divisé par deux petites selles aigües ; *lobe latéral principal* large, aigu et linguiforme. *Selle externe* large, aigüe, plus haute que la selle ventrale, légèrement recourbée en dedans et à côtés différemment infléchis.

Selle latérale large, présentant presque toujours un genou arrondi et regardant le côté externe.

Ligne de suture des cloisons :

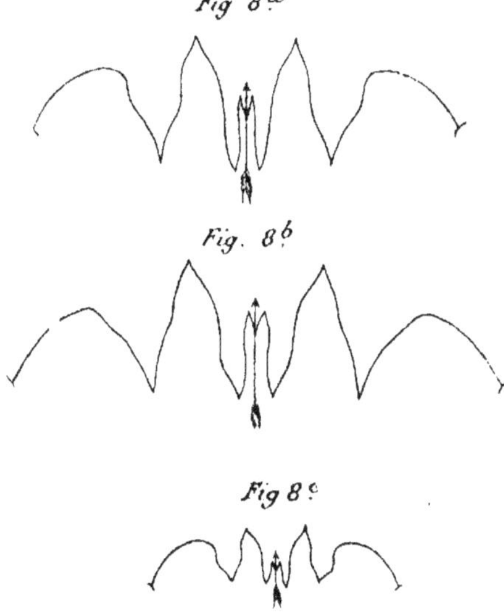

Les figures ci-dessus montrent que les exemplaires que nous rapportons à cette espèce présentent tous les caractères des types figurés par Phillips,Sandberger, de Koninck et Barrois. Cette espèce peut être considérée comme caractéristique du Dinantien ou Calcaire carbonifère ; elle n'a jamais été signalée dans le Dévonien supérieur, et, fait important, elle se rencontre à un niveau assez élevé du Dinantien ; on la signale dans le Calcaire de Visé, de Chokier, etc.

Gisement. — Dinantien. (Carbonifèrien inférieur).

Localités. — Lac d'Anie ; Bains de Labérouet (*Griottes*) au Nord de Lescun ; Plateau de Lhers, à Garcet (Sud de Lescun); Vallée d'Aspe, au Sud du fort du Portalet (Pont d'Urdos) et au Nord entre le Pont de Sebers et Borce-Etsaut.

Prolecanites Henslowi. Sowerby, sp.

Goniatites Henslowi, Soverby. — *Mineral Concholog,* t. III, p. 111 Pl. 262.
    —   Phillips. — *Geology of Yorkshire,* t. II, pl. XX, fig. 39,
          p. 236.
    —   Barrois. — *Terrains anciens des Asturies,* p. 294. pl. XIV,
          fig. 3.
Prolecanites Henslowi, Holzapfel. — *Carbon kalk von Erdbach,* p. 42, pl. III, fig. 14.
          et pl. IV, fig. 2, 4, 7.

Coquille discoïde, largement ombiliquée, à test lisse, atteignant jusqu'à vingt centimètres de diamètre.

Tours peu embrassants ; côté externe arrondi, côtés latéraux subaplatis.

12 cloisons environ par tour.

La *ligne de suture* des cloisons présente :

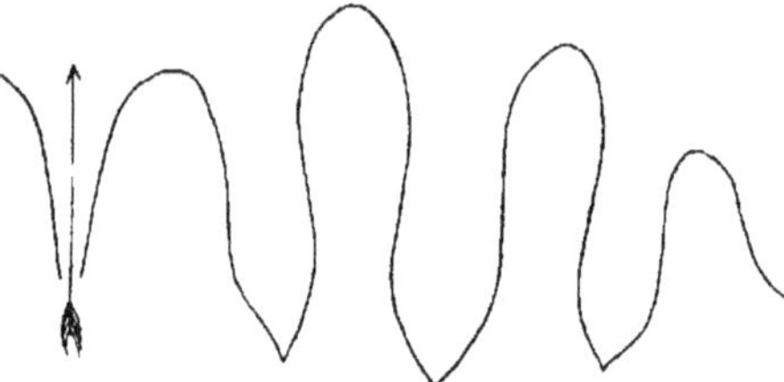

Un *lobe siphonal* (ventral) *indivis,* et parfois nettement lancéolé, quelquefois en forme de V.

Un *lobe latéral principal,* un *lobe latéral* inférieur et un *premier lobe auxiliaire* lancéolés (acuminés); enfin un deuxième et dernier *lobe auxiliaire* arrondi, peu visible. Une *selle externe* et deux *selles latérales* claviformes, étranglées et arrondies au sommet ; enfin une *selle auxiliaire* semi étranglée et plus petite que les autres selles. Les nombres de selles et de lobes, ainsi que leurs formes sont constants chez tous les exemplaires et conformes aux types figurés. Ces caractères différencient cette espèce de *Goniatites lunicosta* Sandberger (Pl. 3, fig. 14), qui possède en plus un troisième lobe latéral auxiliaire et une deuxième selle latérale auxiliaire.

Prolecanites Henslowi a été signalé par Sowerby, Phillips et MM. Barois et Holzapfel dans le Dinantien. M. Von Kœnn l'a signalé dans les *griottes* de l'Hérault (Bergeron, Thèse, p. 143). Parmi les Goniatites de ce niveau qui m'ont été envoyées par M. Escot, j'ai trouvé deux emplaires appartenant au genre *Prolecanites*. L'un, le plus petit, rappelle au premier aspect *Prolecanites Henslowi*, mais l'étude des cloisons montre qu'il possède un lobe et une selle de plus que cette dernière espèce, et doit être rapporté au *Goniatites lunicosta* Sand. ; le second, de taille plus grande, montre plus nettement encore la suture de *Goniatites lunicosta*. Cette dernière espèce appartient, d'après Sandberger, au Dévonien et n'a jamais été signalée dans le Dinantien.

Gisement. — Dinantien.

Localités. — Vallée d'Aspe : sur les deux rives du Gave, entre le Pont de Sebers et Borce-Etsaut ; — Plateau de Lhers à Garcet (sud de Lescun); — Lac d'Anie.

Se trouve presque toujours en compagnie de *Glyphioceras crenistria*.

Pronorites cyclolobus, Philipps.

Goniatites cyclolobus, Philipps, *Geology of Yorkshire*, pl. XX, fig. 40-42.
     —   Barrois, *Terr. anciens des Asturies*, p. 295, pl. XIV, fig. 2.

Coquille discoïde, lisse, à petit ombilic.

Tours très embrassants, applatis en dehors et sur les flancs ; *péristome* subquadrangulaire.

Lignes de suture de Pronorites cyclolobus

Fig. 10ᵃ

Fig. 10ᵇ

Ligne de suture des cloisons composée de :

Lobe ventral lancéolé, large, divisé par deux petites selles aiguës.

Lobe latéral principal lancéolé et également divisé par deux petites selles.

Lobe latéral inférieur, premier et deuxième lobes auxiliaires lancéolés et indivis.

Selle externe, première et seconde *selles latérales* et *première selle auxiliaire* claviformes, étranglées et arrondies au sommet; *seconde selle auxiliaire* subaiguë ; *première selle latérale* plus grande que les autres.

Cette espèce se distingue nettement des formes du genre *Prolecanites* par la division du lobe ventral et du lobe latéral principal en deux petites selles.

Gisement. — Dinantien (Angleterre, Belgique, Allemagne, Oural. Asturies).
Localités. — Lac d'Anie.

Hippurites (af.) petrocoriensis, Douvillé.

Hippurites petrocoriensis, Douvillé. *Mém. S. G. Fr. Paléontologie*, t. 1, fasc. III, Mém. n° 6, p. 15, Pl. I, fig. 5, 6.
Hippurites giganteus, Seunes. *C. R. Ac. des Sc.* Séance du 11 janvier 1892.

Hippurite de grande taille, finement costulé en long.

Fig II   Section d'Hippurites petrocoriensis·

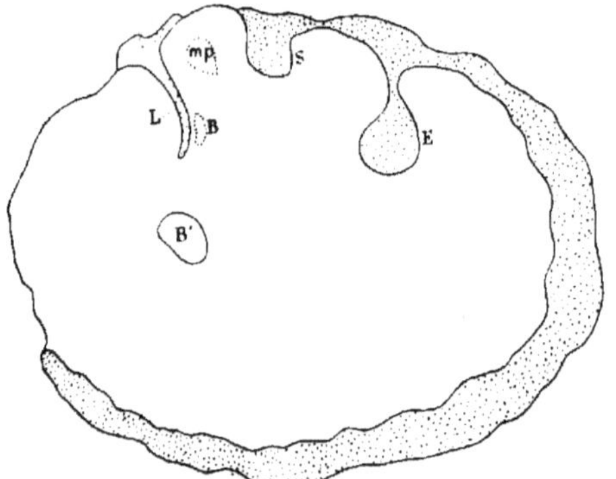

Caractères intérieurs. — *Arête cardinale* assez longue, assez robuste déjetée en dehors, ne dépassant pas la dent postérieure B. — *Premier pilier* (S) court. trapu, pincé à la base. — *Second pilier* (E) plus long que l'arête cardinale, médiocrement pédonculé, tête robuste.

Dent antérieure B' sur le prolongement de l'arête cardinale et à une faible distance de celle-ci.

Dent postérieure B faible. ne semble pas toucher l'extrémité de l'arête cardinale. Pourtour intérieur du test ondulé.

L'exemplaire dont j'ai figuré la section ne diffère de *Hippurites petrocoriensis*, Douvillé. pl. 1. fig. 5, que par la tête robuste du second pilier (E) ; il se distingue de *Hippurites corbaricus*, Douvillé, par son arête cardinale plus courte, la forme plus massive et plus pincée du premier pilier, enfin par le pédoncule plus court du second pilier. Notre exemplaire se rapproche de *Hippurites cornuvacinum.*

Gisement. — Cette espèce se rencontre dans le Provencien de la Dordogne et des Corbières, mais monte jusqu'à la base du Santonien.

Localités. — Lac d'Anie, col d'Anso (Région de Lescun).

L'exemplaire suivant nous semble appartenir à *Hippurites petrocoriensis*.

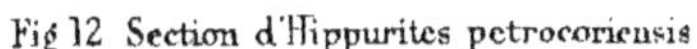

Fig 12 Section d'Hippurites petrocoriensis

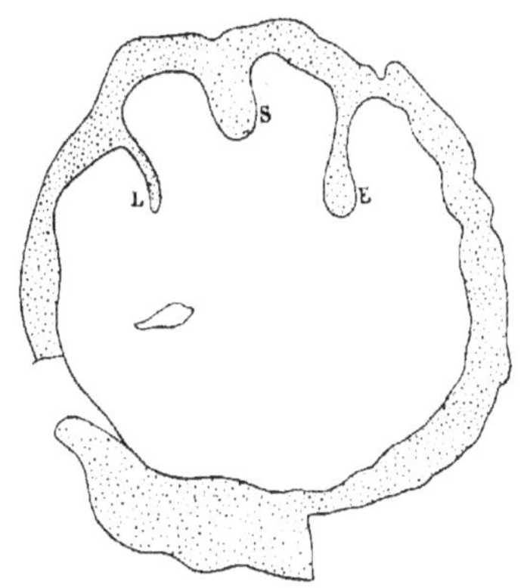

Hippurites Moulinsi, d'Hombres-Firmas, 1838.

Hippurites Moulinsi, Douvillé. *Mém. Soc. géol. de France (Paléontologie)*, t. 1. fasc. III, Mém. 6, p. 17, pl. III, fig. 1, 2, 3.

Hippurite surbaissé, large à la base, rapidement conique.

Caractères extérieurs de la valve inférieure. — Ornée à l'extérieur de lames d'accroissement plus ou moins saillantes et de trois sillons longitudinaux bien marqués.

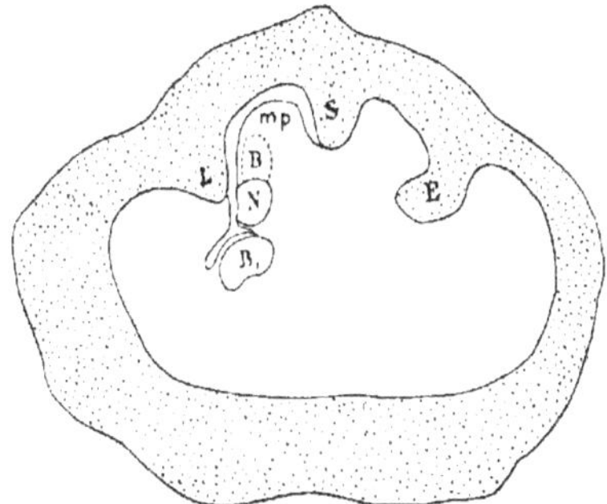

Fig. 13 Section d'Hippurites Moulinsi

Caractères internes de la valve inférieure. — *Arête cardinale* courte, trapue. triangulaire, arrondie à son extrémité; *Premier pilier* court, trapu, moins triangulaire que l'arête cardinale.

Second pilier presque perpendiculaire à l'arête cardinale, robuste, très légèrement rétréci à la base, un peu plus développé chez notre exemplaire que chez les types figurés par M. Douvillé.

Les piliers et l'arête cardinale sont a peu près équidistants et convergents.

Gisement. — D'après M. Douvillé *Hippurites Moulinsi* apparaît dans le Provencien inférieur des Charentes et de la Dordogne et s'observe jusqu'au sommet du Turonien. En Provence il se rencontre dans le Santonien avec *Hippurites corbaricus* et monte même jusqu'au niveau à *Hippurites galloprovincialis*.

Localités. — Lac d'Anie.